BEI GRIN MACHT SICH IHR WISSEN BEZAHLT

- Wir veröffentlichen Ihre Hausarbeit, Bachelor- und Masterarbeit

- Ihr eigenes eBook und Buch - weltweit in allen wichtigen Shops

- Verdienen Sie an jedem Verkauf

Jetzt bei www.GRIN.com hochladen und kostenlos publizieren

Jennifer Plath

Möglichkeiten zur Verringerung des Spannungsfeldes zwischen intuitiver und realer Wahrscheinlichkeit

GRIN Verlag

Bibliografische Information der Deutschen Nationalbibliothek:

Die Deutsche Bibliothek verzeichnet diese Publikation in der Deutschen Nationalbibliografie; detaillierte bibliografische Daten sind im Internet über http://dnb.d-nb.de/ abrufbar.

Dieses Werk sowie alle darin enthaltenen einzelnen Beiträge und Abbildungen sind urheberrechtlich geschützt. Jede Verwertung, die nicht ausdrücklich vom Urheberrechtsschutz zugelassen ist, bedarf der vorherigen Zustimmung des Verlages. Das gilt insbesondere für Vervielfältigungen, Bearbeitungen, Übersetzungen, Mikroverfilmungen, Auswertungen durch Datenbanken und für die Einspeicherung und Verarbeitung in elektronische Systeme. Alle Rechte, auch die des auszugsweisen Nachdrucks, der fotomechanischen Wiedergabe (einschließlich Mikrokopie) sowie der Auswertung durch Datenbanken oder ähnliche Einrichtungen, vorbehalten.

Impressum:

Copyright © 2012 GRIN Verlag GmbH
Druck und Bindung: Books on Demand GmbH, Norderstedt Germany
ISBN: 978-3-656-43614-0

Dieses Buch bei GRIN:

http://www.grin.com/de/e-book/214288/moeglichkeiten-zur-verringerung-des-spannungsfeldes-zwischen-intuitiver

GRIN - Your knowledge has value

Der GRIN Verlag publiziert seit 1998 wissenschaftliche Arbeiten von Studenten, Hochschullehrern und anderen Akademikern als eBook und gedrucktes Buch. Die Verlagswebsite www.grin.com ist die ideale Plattform zur Veröffentlichung von Hausarbeiten, Abschlussarbeiten, wissenschaftlichen Aufsätzen, Dissertationen und Fachbüchern.

Besuchen Sie uns im Internet:

http://www.grin.com/

http://www.facebook.com/grincom

http://www.twitter.com/grin_com

Inhaltsverzeichnis

Abbildungsverzeichnis II
1. Einleitung 1
2. Das Ziegenproblem 2
    2.1 Darstellung des Problems 2
    2.2 Intuitive Lösung 3
    2.3 Mathematische Lösung mit bedingten Wahrscheinlichkeiten ... 4
    2.4 Das Ziegenproblem als kognitive Illusion 6
3. Optimierungsversuche im Umgang mit Wahrscheinlichkeiten 8
    3.1 Psychologisches Konzept I: Häufigkeitsansatz 9
    3.2 Psychologisches Konzept II : Mentale Modelle 10
    3.3 Psychologisches Konzept III: „weniger-ist-mehr" 11
    3.4 Psychologisches Konzept IV: Perspektivenwechsel 11
4. Fazit 12
5. Literaturverzeichnis III

Abbildungsverzeichnis

Abbildung 1: Tiede, M. (1998): Anmerkungen zum Ziegenproblem und zu verwandten Paradoxien der Stochastik. In: Ruhr Universität Bochum (Hrsg.): *Diskussionspapiere aus der Fakultät für Sozialwissenschaft*, 5, S. 7.

Abbildung 2: Atmaca, S. & Krauss, S. (2001). Der Einfluss der Aufgabenformulierung auf stochastische Performanz– Das "Drei-Türen-Problem". *Stochastik in der Schule, 21, 3*, S. 18.

1. Einleitung

Es ist der 9. September, 1990. Neun Monate nachdem der Liberianische Bürgerkrieg ausgebrochen ist, wird der seit 1980 regierende Staatspräsident Samuel K. Doe von Rebellen festgenommen und hingerichtet. In Helsinki treffen sich US Präsident George Bush und der sowjetische Staatschef Michail Gorbatschow zu einem eintägigen Gipfeltreffen um den Irak zu drängen, Kuwait zu verlassen. Bei den 110. US Open schlägt Pete Sampras Andre Agassi mit sechs zu vier, sechs zu drei und sechs zu zwei Punkten[1]. Es ist auch der Tag, an dem Marylin vos Savant in ihrer Kolumne *Ask Marylin* ein Problem eines Lesers beantwortet, welches fortan als Monty Hall Dilemma, Drei Türen Problem oder auch als Ziegenproblem[2] hitzig diskutiert wird.

Das Ziegenproblem zeigt, dass beim Umgang mit Zufallsphänomenen selbst Fachleute, wie Mathematiker, Professoren und Statistiker Irrtümern unterliegen. In der kognitiven Psychologie, die sich unter anderem mit den Bereichen der Wahrnehmung, der Motivation und des Lernens auseinandersetzt und Phänomene wie Kreativität und Intelligenz untersucht, ist das Ziegenproblem eine beliebte Denkaufgabe, da es Aufschluss über mögliche Fehler beim Problemlösen gibt. Dieser Ansatz wird im Folgenden aufgegriffen und ausgeführt, um die Frage nach den Möglichkeiten zur Verringerung des Spannungsfeldes zwischen intuitiver und realer Wahrscheinlichkeit beantworten zu können.

Um einen Einblick in das Paradoxon Ziegenproblem zu erhalten, wird zu Beginn des zweiten Kapitels das Problem dargestellt, bevor die intuitive Lösung begründet wird und damit verbunden eine Auflösung erfolgt, wo der Fehler bei dieser Lösung liegt. Nachfolgend wird die mathematische Lösung mit bedingten Wahrscheinlichkeiten dargelegt. Nachdem die beiden Lösungen vorgestellt wurden, erfolgt eine Betrachtung aus Sicht der Kognitionspsychologie, um zu klären, warum so viele (nicht) Mathematiker dieses Problem nicht richtig lösen können und beharrlich an ihren falschen Annahmen festhalten. Im anschließenden dritten Kapitel werden vier verschiedene Konzepte vorgestellt, durch die der Umgang mit Wahrscheinlichkeiten erleichtert werden soll, um durch ein besseres Verständnis die großen Unterschiede zwischen intuitiver und realer Wahrscheinlichkeit zu verringern. Abschließend wird im fünften Kapitel ein Fazit gezogen, in welchem zum einen die vier Konzepte reflektiert werden und zum anderen ein Ausblick gegeben wird.

---

[1] Weitere Informationen zu den genauen Ereignissen des 09. Septembers 1990 lassen sich unter: http://takemeback.to/cgi-bin/results.py?searchdate=19900909 finden [Zugriff: 01.09.2012].
[2] In den weiteren Ausführungen verwenden wir den Begriff des Ziegenproblems.

2. Das Ziegenproblem

Im Alltagsverständnis wird der Begriff Paradoxon oftmals als das Verständnis eines eindeutigen Widerspruchs aufgefasst, genauer betrachtet handelt es sich bei Paradoxien jedoch um das Verstehen eines scheinbaren Widerspruchs (Vgl. Behrends et al. 2008, S. 171). Ein Paradoxon ist demnach eine Behauptung oder Problemstellung, die bei der ersten Betrachtung einen Widerspruch aufwirft, welcher zwar einerseits durch logische Erklärungen verworfen werden kann, aber andererseits häufig aufrecht erhalten wird, da Paradoxien oftmals Aussagen beinhalten, die den allgemeinen Erfahrungen der Menschen zuwiderlaufen (Vgl. Strzysch, Weiß 1998, S. 378). Das Ziegenproblem gehört zu den bekanntesten und meist diskutiertesten Paradoxien aus dem Bereich der Wahrscheinlichkeitstheorie und beinhaltet eine Lösung, die der menschlichen Intuition widerspricht (Vgl. DiBattista 2011, S. 53).

2.1. Darstellung des Problems

Ursprünglich lässt sich das Ziegenproblem auf die amerikanische Spielshow „Let's make a deal" zurückführen, bei der ein Preis hinter einer von drei Türen platziert wurde. In dieser von Monty Hall moderierten TV-Show sahen sich die Spielshowkandidaten mit einer Entscheidung konfrontiert, bei ihrer ersten Wahl zu bleiben oder zu einer Alternative zu wechseln, um den Hauptpreis zu gewinnen (Vgl. Atmaca, Krauss 2001, S.14). 1990 wurde es als Ziegenproblem berühmt, nachdem sich die „IQ-Weltmeisterin" Marylin vos Savant in ihrer Kolumne *Ask Marylin* der US-Zeitschrift *Parade* folgender Frage annahm:

> *Sie nehmen an einer Spielshow im Fernsehen teil, bei der Sie eine von drei verschlossenen Türen auswählen sollen. Hinter einer Tür wartet der Preis, ein Auto, hinter den beiden anderen stehen Ziegen. Sie zeigen auf eine Tür, sagen wir Nummer eins. Sie bleibt vorerst geschlossen. Der Moderator weiß, hinter welcher Tür sich das Auto befindet; mit den Worten „Ich zeige Ihnen mal was" öffnet er eine andere Tür, zum Beispiel Nummer drei, und eine meckernde Ziege schaut ins Publikum. Er fragt: „Bleiben Sie bei Nummer eins, oder wählen Sie Nummer zwei?"* (Von Randow 1992, S.6).

Die Antwort auf das Problem erschien vielen Menschen offensichtlich. Da es noch zwei Türen gibt, könnte der Gewinn sich mit gleicher Wahrscheinlichkeit (50:50) hinter einer der beiden Türen befinden. Die verbreitete intuitive Annahme war, dass es egal sei, ob der Kandidat wechsele oder bei seiner ersten Wahl bliebe. Marylin vos Savants Antwort widersetzte sich dieser intuitiven Annahme. Sie argumentierte, dass es für den Kandidaten von Vorteil wäre, zur Alternative (Tür 2) zu wechseln, um seine Chance auf den Gewinn zu erhöhen. „Sie war der Meinung, dass ein Spieler, der wechsele, die Wahrscheinlichkeit 2/3 habe, den Sportwagen zu bekommen, während der, der beim ursprünglichen Tor bleibe, den Sportwagen nur mit einer Wahrscheinlichkeit von 1/3 erhielte" (Behrends et al. 2008, S. 19). Marylin vos Savant löste mit ihrer Aussage eine öffentliche Debatte aus, die sich schnell nach Europa ausdehnte und auch heute noch die Gemüter erhitzt. Durch die Gegenüberstellung des intuitiven Gedankens, dass die Gewinnchance bei 50 % liegt und zahlreichen rechnerischen Beweisen, die zeigen, dass die Gewinnchancen 1/3 und 2/3 betragen, erscheint das Ziegenproblem vielen Menschen paradox.

2.2. Intuitive Lösung

Die fast 10.000 Leserbriefe, welche vos Savant als Antwort auf ihre Aussage erreichten, stammten zum größten Teil von Mathematikern, die ihre Meinung nicht teilten[3]. Reaktionen wie „Es gibt schon genug mathematische Unwissenheit in diesem Land (Von Randow 1992, S.6)" oder „Wir brauchen nicht den höchsten IQ der Welt, um diese Unwissenheit zu vertiefen. Schämen Sie sich!" (ebd., S. 8) folgten von Universitätsprofessoren und Akademikern, die der Meinung waren, die Gewinnchance würde bei 50:50 liegen. Diese intuitive Lösung wird verbal oftmals folgendermaßen begründet: zu Beginn der Show beträgt die Gewinnchance jeder Tür 1/3, die Chance, dass der Gewinn hinter Tür 1 oder 2 steht, beträgt demnach 2/3. Nachdem der Kandidat sich für Tür 1 entschieden hat und die Ziege hinter Tür 3 sichtbar wird, erhöht sich die Chance, dass der Gewinn hinter Tür 1 oder 2 steht auf 1. Da es keinen Grund gibt, der dafür spricht, dass der Gewinn eher hinter Tür 2 als hinter Tür 1 steht, haben beide eine Gewinnchance von ½ und der Teilnehmer sieht keine Notwendigkeit, seine Wahl zu verändern (Vgl. Tiede 1998, S. 2). Neben dieser verbalen Begründung, ziehen viele Mathematiker zusätzlich eine wahrscheinlichkeitstheoretische Analyse hinzu[4]. Mit $P(A1) = P(A2) = P(A3) = 1/3$ wird gezeigt, dass zu Beginn der Spielshow alle Türen die gleiche Gewinnchance haben. Nachdem der Teilnehmer sich für Tür 1 entschieden und der Moderator Tür 2 geöffnet hat, muss der Kandidat sich fragen, ob er bei seiner Wahl bleibt oder diese korrigiert. Demnach müssen die beiden Wahrscheinlichkeiten $P(A1 \mid M3)$ und $P(A2 \mid M3)$ berechnet und verglichen wer-

---

[3] Eine Sammlung der interessantesten Leserbriefe, siehe vos Savant (1997)
[4] Hierfür wird folgende Notation gewählt: A1: Auto steht hinter Tür 1, A2: Auto steht hinter Tür 2, A3: Auto steht hinter Tür 3, M1: Moderator öffnet Tür 1, M2: Moderator öffnet Tür 2, M3: Moderator öffnet Tür 3.

den, wofür das Bayessche Theorem[5] herangezogen wird. Hieraus ergibt sich für P(A1 | M3):

$$P(A1 \mid M3) = \frac{P(M3 \mid A1) * P(A1)}{P(M3 \mid A1) * P(A1) + P(M3 \mid A2) * P(A2) + P(M3 \mid A3) * P(A3)}$$

Hierbei wird für P(M3 | A1) der Wert 1 gewählt, da festgelegt wird, dass der Moderator Tür 3 öffnet, wenn er weiß, dass sich der Gewinn hinter Tür 1 befindet. Für P(M3 | A2) wird ebenfalls der Wert 1 gewählt, da der Moderator nur noch Tür 3 öffnen kann, wenn der Kandidat Tür 1 ausgewählt hat und sich der Gewinn hinter Tür 2 befindet. Weil der Moderator nicht Tür 3 öffnen wird, wenn diese die Gewinnertür ist, gilt: P(M3 | A3) = 0. Durch das Einsetzen der Werte in das Bayessche Theorem ergibt sich:

$$P(A1 \mid M3) = \frac{1 * \frac{1}{3}}{1 * \frac{1}{3} + 1 * \frac{1}{3} + 0 * \frac{1}{3}} = \frac{\frac{1}{3}}{\frac{2}{3}} = \frac{1}{2}$$ und somit auch P(A2|M3) = $\frac{1}{2}$ (Vgl. Tiede 1998, S.3ff.).

Nachdem gezeigt wurde, dass eine intuitiv plausible Lösung und eine wahrscheinlichkeitstheoretisch fundierte Lösung als Ergebnis die gleiche Gewinnchance von 50 % für Tür 1 und 50 % für Tür 2 erhalten, lässt sich nachvollziehen, warum viele Menschen vos Savants Lösung verwerfen und nicht hinterfragen. Im nachfolgenden Kapitel wird zuerst vos Savants Lösungsansatz vorgestellt, um anschließend den Fehlgedanken im oben aufgeführten Beweis zu erklären.

2.3. Mathematische Lösung mit bedingten Wahrscheinlichkeiten

Wie oben richtig angenommen, beträgt die Gewinnwahrscheinlichkeit zu Beginn für jede der drei Türen 1/3. Nachdem der Kandidat sich für Tür 1 entschieden hat, beträgt die Wahrscheinlichkeit, dass der Gewinn hinter der ausgewählten Tür steht 1/3 und die Wahrscheinlichkeit, dass der Gewinn hinter den nicht ausgewählten Türen steht 2/3. Im nächsten Schritt öffnet der Moderator Tür 3, was zur Folge hat, dass die Wahrscheinlichkeit 2/3 der

---

[5] Das Bayessche Theorem (auch Satz von Bayes genannt) erlaubt es bedingte Wahrscheinlichkeiten zu berechnen. Hierbei wird vorausgesetzt, dass der Ereignisraum Ω durch n sich paarweise ausschließende Ereignisse A_i ausgeschöpft ist. Zusätzlich wird das Ereignis E betrachtet ($E \subseteq \Omega$). Die Formel lautet wie folgt:

$P(A_i | E) = \frac{P(E|A_i)P(A_i)}{\sum_{i=1}^{n} P(E|A_i)P(A_i)}$ $P(A_i), P(E) > 0$ (Vgl. Tiede 1998, S. 3).

nicht ausgewählten Türen sich nun nur noch auf Tür 2 bezieht. Somit bleibt die Wahrscheinlichkeit, dass sich der Gewinn hinter Tür 1 befindet bei 1/3, wohingegen die Wahrscheinlichkeit, dass Tür 2 den Gewinn beinhaltet 2/3 beträgt.

Aufgrund der logischen Argumentation, muss den Verfechtern der oben aufgeführten wahrscheinlichkeitstheoretischen Lösung ein Fehler bei der Verwendung des Bayesschen Theorems unterlaufen sein. Für die bedingte Wahrscheinlichkeit P(M3 | A1) wird in ihrem Beweis aufgrund der Spielumstände der Wert 1 angenommen und darauf hingewiesen, dass davon ausgegangen werden kann, dass der Moderator Tür 3 öffnet, wenn der Gewinn hinter Tür 1 steht. Allerdings muss beachtet werden, dass der Moderator sowohl Tür 3 als auch Tür 2 öffnen könnte, weshalb die einseitige Bevorzugung der Tür 3 in der obigen Bayesschen – Lösung nicht gerechtfertigt ist. Stattdessen muss die Gleichwertigkeit der beiden Türen zum Ausdruck gebracht werden, indem für P(M3 | A1) und P(M2 | A1) die Werte ½ eingesetzt werden. Mit den veränderten Werten ergeben sich:

$$P(A1|M3) = \frac{\frac{1}{2}*\frac{1}{3}}{\frac{1}{2}*\frac{1}{3}+1*\frac{1}{3}+0*\frac{1}{3}} = \frac{\frac{1}{6}}{\frac{1}{3}} = \frac{1}{3} \quad \text{und} \quad P(A2|M3) = \frac{1*\frac{1}{3}}{\frac{1}{2}*\frac{1}{3}+1*\frac{1}{3}+0*\frac{1}{3}} = \frac{\frac{1}{3}}{\frac{1}{6}} = \frac{2}{3}$$

Aus den neu errechneten Ergebnissen lässt sich deutlich ablesen, dass die Gewinnchance von Tür 2 doppelt so groß ist wie von Tür 1 (Vgl. Tiede 1998, S. 6ff.).

Zusätzlich zu der Lösung mit dem Bayesschen Theorem gibt es zahlreiche visuelle Darstellungen, wie beispielsweise Baumdiagramme, die den Menschen durch ihre Visualisierung den Verstehensprozess der Ziegenproblemlösung erleichtern.

Wo ist das Auto?		Welche Tür öffnet der Moderator?	
1/3	A1	1/2	M2
		1/2	M3
1/3	A2	1	M3
1/3	A3	1	M2

Abbildung 1: Tiede 1998, S. 7.

Im ersten Schritt fragt sich der Kandidat hinter welcher Tür sich der Gewinn befinden könnte, was sich mit einer Chance von 1/3 für jede einzelne Tür beantworten lässt. Um die

Erklärung verständlicher zu machen, wird davon ausgegangen, dass der Kandidat Tür 1 öffnet. Dieses geschieht ohne Beschränkung der Allgemeinheit, was bedeutet, dass es für den weiteren Spielverlauf irrelevant ist, welches Tor zu Beginn geöffnet wird und beim Öffnen von Tor 2 oder Tor 3 nur eine räumliche Verschiebung des Baumdiagrammes erfolgen würde. Relevant ist lediglich, dass die Zahlen 1,2,3 verschiedene Türen bezeichnen. Im nächsten Schritt öffnet der Moderator eine Tür, bei der er sicher weiß, dass sich hinter ihr eine Ziege verbirgt. Wenn sich der Gewinn tatsächlich hinter der ausgewählten Tür 1 befinden sollte, hat der Moderator sowohl die Möglichkeit Tür 2 als auch Tür 3 zu öffnen. Da sich hinter beiden Türen Ziegen verbergen, besteht die Chance, dass Tür 2 oder Tür 3 geöffnet wird, jeweils zu ½. Sollte sich der Gewinn jedoch hinter Tür 2 befinden, kann der Moderator lediglich Tür 3 öffnen und befindet sich der Gewinn hinter Tür 3, muss er Tür 2 öffnen. Die Wahrscheinlichkeiten hierfür liegen demnach jeweils bei 3/3 = 1. An dem obigen Baumdiagramm lässt sich ablesen, dass es vier Möglichkeiten gibt, für die sich die Gesamtwahrscheinlichkeiten (P) berechnen lassen:

$P(A1,M2) = 1/3 * ½ = 1/6$

$P(A1,M3) = 1/3 * ½ = 1/6$

$P(A2,M3) = 1/3 * 1 = 1/3$

$P(A3,M2) = 1/3 * 1 = 1/3$

(Vgl. von Randow 1992, S. 48).

Im vorliegenden Fall wird die Tür 3 vom Moderator geöffnet, was bedeutet, dass der Gewinn hinter Tür 1 oder Tür 2 stehen muss. Aus dem Baumdiagramm lässt sich ablesen, dass die Chance für den Gewinn hinter Tür 1 beim Öffnen von Tür 3 bei 1/6 liegt, wohingegen die Chance, dass der Gewinn hinter Tür 2 steht 1/3 beträgt. Korrigiert der Kandidat seine Wahl und entscheidet sich für Tür 2, verdoppelt sich seine Gewinnchance von 1/6 auf 1/3. Dieses Ergebnis steht nicht im Widerspruch zum Resultat nach Bayes ($P(A1|M3) = 1/3$ und $P(A2|M3) = 2/3$), da dieses eine bedingte Lösung ist und nur den Teil des Baumdiagrammes betrifft, der mit dem Ast M3 endet (Vgl. Tiede 1998, S. 7f.).

2.4. Das Ziegenproblem als Kognitive Täuschung

Ein bemerkenswerter Aspekt, der aus den Antwortbriefen an vos Savant hervorgeht, ist der, dass Bildung kein Indikator dafür ist, ob das Ziegenproblem richtig gelöst werden kann. So waren 65% der eingegangen, universitären Briefe, die sich der Lösung widersetzten, von Professoren, Mathematikern und Statistikern. Auch Piatelli-Palmarini vermerkt, dass: "no other statistical puzzle comes so close to fooling all the people all the time [...]. The phenomenon is particularly interesting precisely because of its specificity, its reproducibility, and its immunity to higher education" (Vos Savant 1997, S. 15, zit.n. Piattelli-Palmarini). Die öffentliche Diskussion machte deutlich, dass es nicht nur schwierig ist, die korrekte Lösung des Problems herauszustellen, sondern dass es viel schwieriger ist, die damit beschäftigten Menschen, von der Korrektheit der Lösung zu überzeugen (Vgl. Krauss, Wang 2003, S. 3). Die meisten Menschen, die sich für die falsche Lösung des Problems entscheiden, tendieren dazu, sich sicher zu sein, das richtige Ergebnis zu haben und lassen sich auch durch vielfältige Erklärungen nicht von der gegenteiligen, richtigen Lösung überzeugen (Vgl. Devlin 2003, o.A.).

In der Stochastik ist mittlerweile eine hohe Anzahl von Aufgaben bekannt, deren Lösungen sich besonders beharrlich der menschlichen Intuition widersetzen. Auf dem Gebiet der Psychologie werden Aufgaben dieser Art im Rahmen der Forschung zu „kognitiven Täuschungen" untersucht (Vgl. Krauss 2003, S.2). „Eine kognitive Täuschung liegt vor, wenn die menschliche Intuition stark und systematisch von einem normativ korrekten Ergebnis abweicht. Solche Täuschungen sind besonders im Bereich der bedingten Wahrscheinlichkeiten und des Satzes von Bayes bekannt" (ebd.). Genau wie optische Täuschungen, bleiben kognitive Illusionen auch nach ihrer Aufklärung lange bestehen. Besonders interessant ist hierbei die Beständigkeit, die wie bei den optischen Täuschungen viel über das menschliche kognitive System verrät (Vgl. Burns, Wieth o.J., S. 198). Das Ziegenproblem ist ein berühmtes Beispiel für eine kognitive Täuschung und daher ein Grund, dass das Gebiet der Psychologie neben der Mathematik die meisten Veröffentlichungen zum Thema Ziegenproblem hervorbrachte (Vgl. Atmaca, Krauss, 2001, S.14).

Doch was ist es genau, dass dieses Ziegenproblem zu einer kognitiven Täuschung macht? Ein Grund warum so viele Personen, die mit dem Ziegenproblem konfrontiert werden, nicht zur Alternative wechseln, sondern bei ihrer ersten Wahl bleiben, ist der, dass sie die zugrunde liegenden Wahrscheinlichkeiten nicht verstehen (Vgl. DiBattista 2006, S. 54). Dies wird in der Literatur hauptsächlich damit begründet, dass die Personen sehr stark von dem „uniformity belief" beeinflusst sind. Der „uniformity belief" besagt, dass bei N Möglichkeiten die mit jedem Fall assoziierte Wahrscheinlichkeit $1/N$ entspräche. Es wird weiter argumentiert, dass diese intuitive Annahme einen so immensen Einfluss hat, dass Personen diese routinemäßig als eine Heuristik beim Problemlösen verwenden (Vgl. ebd.). „It holds that when one of a collection of equally probable alternatives is shown to be impossible, the probability redistributes itself equally over the remaining possibilities" (Rosenhouse 2009, S. 144). In Bezug auf das Ziegenproblem bedeutet dies, dass die „uniformity heuristic" den Teilnehmern zunächst zu dem richtigen Schluss führt, dass jede Tür mit einer Wahrscheinlichkeit von 1/3 das Auto verbirgt. Öffnet der Moderator nun allerdings eine der nicht gewählten Türen und präsentiert eine Ziege, wird diese Tür fälschlicherweise nicht in die weiteren Überlegungen miteinbezogen, sondern vollständig außer Acht gelassen. Da nun nur noch zwei verschlossene Türen verbleiben, führt die" uniformity heuristic" zu der Annahme, dass jede der beiden Türen die gleiche Wahrscheinlichkeit (e.g. ½) besitzt das Auto zu verbergen und es dementsprechend gleichbedeutend ist, zu wechseln oder bei der ersten Wahl zu bleiben (Vgl. DiBattista 2006, S. 55).[6] So schreibt von Randow: „Was vorher geschehen ist, das verblasst vor dem starken Eindruck, den die entscheidende Wahlsituation in unserer Vorstellung hinterlässt" (Von Randow 1992, S. 60).

3. Optimierungsversuche im Umgang mit bedingten Wahrscheinlichkeiten

Da sich wie bereits oben erwähnt viele Menschen bei der Lösung des Ziegenproblems für die intuitive Lösung entscheiden und es durch die kognitive Täuschung sehr schwierig erscheint, die reale Lösung nachzuvollziehen, gibt es in der Fachliteratur verschiedene didaktische Ansätze, um das Lösen des Ziegenproblems zu vereinfachen. Dieses Kapitel wird sich auf ein Experiment von Atmaca und Krauss fokussieren, das sich insbesondere mit der Instruktion und den Aufgabenformulierungen des Ziegenproblems beschäftigt und als Ziel hat, die Aufgabenformulierung so zu verändern, dass dem Problemlöser die mathematische Grundstruktur transparent wird. Hierbei wurde 68 Versuchspersonen eine Version des Ziegenproblems vorgelegt, die die vier nachfolgenden Konzepte (Häufigkeitsansatz, Mentale Modelle, Weniger ist mehr und Perspektivenwechsel) vereint (Vgl. Atmaca, Krauss 2001, S.19). Die vorgelegte Aufgabenstellung lautete:

> *„Stellen Sie sich bitte vor, Sie sind Monty Hall und Sie wissen, wo das Auto sich befindet. Der Kandidat deutet nun auf Tür Nummer 1. Sie öffnen daraufhin den Regeln entsprechend eine andere Tür und zeigen dem Kandidaten eine Ziege. Nun fragen Sie ihn, ob er bei seiner alten Wahl (Tür 1) bleiben will oder ob er zur letzten noch verbliebenen Tür wechseln will. Es gibt drei Türen, hinter denen das Auto versteckt sein kann. In wie vielen dieser 3 möglichen Konstellationen würde der Kandidat nach Ihrem Öffnen einer ‚Ziegentür' das Auto durch Bleiben und in wie vielen Fällen durch Wechseln*

---

[6] Es stellt sich nun die Frage, warum bei gefühlter *50/50* Chance, die große Mehrheit der Teilnehmer bei ihrer ersten Wahl bleibt. Diese Frage wird in dieser Hausarbeit nicht beantwortet, da hier zusätzlich emotionale Faktoren mit hineinspielen (zum Weiterlesen empfiehlt sich Granberg & Brown, 1995)

gewinnen? Was sollte der Kandidat also tun?" (Atmaca, Krauss 2001, S.19).

Weiterhin gab es eine Kontrollgruppe aus 102 Versuchspersonen, die eine Aufgabenstellung bearbeiteten, welche sich durch das Fehlen der vier psychologischen Konzepte unterschied (Vgl. ebd.).

Im Folgenden werden die vier Konzepte vorgestellt, um herauszustellen, wie diese Konzepte in die Aufgabenstellungen integriert wurden, damit das Spannungsfeld zwischen der intuitiven und der realen Wahrscheinlichkeit verringert werden kann und die dem Problem zugrundeliegenden Wahrscheinlichkeiten besser verstanden werden können.

3.1. Psychologisches Konzept I: Häufigkeitsansatz

Es steht fest, dass Prozente und Wahrscheinlichkeiten in der Umwelt nicht wahrgenommen werden können und dementsprechend bei „natürlichen" Denkvorgängen bei Menschen schwer verarbeitet werden (Vgl. Krauss 2003, S. 4). Nach psychologischen Theorien über das Gedächtnis und der Aufmerksamkeit gehört das Repräsentationsformat der absoluten Häufigkeiten zu den wenigen stochastischen Informationen, die ohne bewusste Intention, also automatisch registriert werden können. Das Häufigkeitsformat kann die Logik des Bayesianischen Schlusses für Menschen verständlich machen, die keine stochastische Ausbildung genossen haben, da in einer natürlichen Umgebung durch das Zählen von Möglichkeiten, diese Form von Informationen gesammelt werden kann (Vgl. ebd.). „Der Widerspruch zwischen Mathematik und Intuition wird also ‚repariert', wenn man die probabilistische Information in ein natürliches Informationsformat übersetzt" (ebd.).
In ihrem Ansatz, das Ziegenproblem verständnisfördernd zu formulieren verwendeten Atmaca und Krauss, in ihrer Fragestellung absolute Häufigkeiten. Indes fragten sie nach 3 verschiedenen Konstellationen hinter den 3 Türen (das Auto kann hinter Tür 1, 2 oder 3 platziert sein) (Vgl. Atmaca, Krauss 2001, S.17.). Die genaue Fragestellung lautete wie folgt:

In wie vielen der 3 möglichen Konstellationen würde der Kandidat bei dieser Spielshow das Auto gewinnen,
- *Wenn er bei seiner ersten Wahl (Tür 1) bleibt?*
In___ von 3
- *Wenn er zur letzten noch verbleibenden Tür wechselt?*
In___ von 3
- *Was sollte der Kandidat also tun?*
____ bleiben   ____ wechseln (Vgl. ebd.).

Durch dieses Konzept sollten die Versuchspersonen dazu animiert werden, statt einer Wahrscheinlichkeitsantwort eine Häufigkeitsantwort, wie zum Beispiel „in 2 von 3 Fällen", zu geben (Vgl. Atmaca, Krauss 2001, S.17.).

3.2. Psychologisches Konzept II: Mentale Modelle

Das zweite Konzept bezieht sich auf eine These von Johnson-Laird, die besagt, dass Menschen zum Lösen von logischen und probabilistischen Problemen mentale Modelle entwickeln, indem durch Betrachtung von Einzelfällen der Wahrheitsgehalt einzelner Aussagen überprüft wird (Vgl. ebd.). Da die Menschen eher auf mentale Modelle zurückgreifen, wenn diese explizit gefordert werden, wurde der Häufigkeitsfrage „In wie vielen der 3 möglichen Konstellationen würde der Kandidat bei dieser Spielshow das Auto gewinnen, wenn er bei seiner ersten Wahl (Tür 1) bleibt bzw. wenn zur letzten noch verbleibenden Tür wechselt?" (ebd., S. 18) der Satz „es gibt drei Türen, hinter denen das Auto versteckt sein kann"(ebd.) vorgeschaltet und drei mögliche Konstellationen vorgegeben:

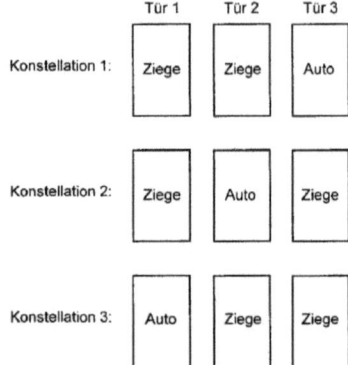

Abbildung 2: Atmaca, Krauss 2001, S.18

Anschließend wurden die Teilnehmer animiert, die Konstellationen im Geiste durchzugehen, um herauszufinden, welche Tür der Moderator in der jeweiligen Konstellation öffnen würde und ob der Kandidat durch Wechseln oder Bleiben gewinnt. Nach dem Durchspielen der Konstellationen lässt sich erkennen, dass sich in zwei von drei Fällen (in den Konstellationen 1 und 2) das Wechseln lohnt. Allerdings muss bei dem Konzept der mentalen Modelle beachtet werden, dass nicht das Standardproblem verwendet wird, was im nachfolgenden Kapitel näher ausgeführt wird.

3.3. Psychologisches Konzept III: „weniger-ist-mehr"

Dieses Konzept befasst sich mit der Menge von Informationen, da erwiesen ist, dass fehlende Informationen oder das Ignorieren von bestimmten Informationen dazu führen, dass unter bestimmten Umständen bessere Entscheidungen getroffen werden. Das Ziegenproblem lässt sich nur dann mit den oben beschriebenen drei Konstellationen lösen, wenn nicht festgelegt wird, welche Tür der Moderator öffnet. Relevant ist demnach, dass die Modelle erstellt werden, bevor die Öffnung einer Tür durch den Moderator erfolgt (Vgl. Atmaca, Krauss 2001, S.18).

3.4. Psychologisches Konzept IV: Perspektivenwechsel

Inwiefern eine Änderung der Perspektive sich auf eine menschliche Entscheidung auswirken kann, wurde in verschiedenen Studien untersucht[7]. Bezüglich der Aufgabenformulierung von Krauss und Atmaca werden die Versuchspersonen instruiert, sich nicht in die Rolle des Kandidaten zu versetzen, sondern die Rolle des Showmasters anzunehmen. In der Aufgabenformulierung heißt es:" Stellen sie sich bitte vor, Sie sind Monty Hall und sie wissen, wo das Auto sich befindet" (ebd., S.19). Es wird argumentiert, dass die Perspektive aus Sicht des Kandidaten die Vorstellung der Teilnehmer über die möglichen Konstellationen blockieren kann. Angenommen, dass die Teilnehmer die Sichtweise des Showmasters einnehmen, können sie sich dessen Reaktion ausgehend von der Platzierung des Autos vorstellen. Demnach, soll der Perspektivenwechsel eine Vorstellung über alle möglichen Konstellationen und den damit verbundenen Gewinnchancen, sowie die Bildung der Mentalen Modelle erleichtern. Atmaca und Krauss verweisen auf einen interessanten Zusammenhang des Perspektivenwechsels mit der Struktur des Satzes von Bayes. Die Wahrscheinlichkeit, dass das Auto hinter der Tür 2 (A2) platziert ist, wenn davon ausgegangen wird, dass der Kandidat Tür 1 wählt und der Moderator daraufhin Tür 3 (M3) öffnet, berechnet sich wie folgt (Vgl. ebd.):

$$P(A2 \mid M3) = \frac{P(M3 \mid A2)*P(A2)}{P(M3 \mid A1)*P(A1) + P(M3 \mid A2)*P(A2) + P(M3 \mid A3)*P(A3)} = \frac{2}{3}$$

Wird davon ausgegangen, dass der Moderator Tür 3 öffnet und das Auto hinter der Tür 2 platziert wurde, berechnet sich die bedingte Wahrscheinlichkeit, dass das Auto hinter der

---

[7] Siehe zum Beispiel Wang (1996)

Tür 2 steht, indem die bedingte Wahrscheinlichkeit für den Fall, dass der Moderator Tür 3 öffnet, betrachtet. Die Reaktion des Moderators entspricht der Bedingung P(A2/M3), sodass der Lösungsalgorithmus des Satzes von Bayes der Einnahme der Perspektive des Showmasters beinhaltet (Vgl. Atmaca, Krauss 2001, S.19).

4. Fazit

Bei dem oben erläuterten Experiment von Atmaca und Krauss entschieden sich 22 % der Teilnehmer aus der Kontrollgruppe für eine Änderung ihrer Erstwahl, wohingegen die Wechslerrate bei den Teilnehmern mit der neu formulierten Aufgabenstellung bei 55 % lag. Hieran lässt sich unter anderem erkennen, dass das erfolgreiche Lösen des Ziegenproblems durch die Art der Problemdarstellung beeinflusst wird und dass das korrekte Beantworten von Wahrscheinlichkeitsaufgaben nicht nur von der Intelligenz, dem Fleiß und dem Wissen abhängig ist (Vgl. Atmaca, Krauss 2001, S. 19). Durch dieses Experiment konnte herausgestellt werden, dass ein großer Anteil der Teilnehmer, die dem Ziegenproblem zugrundeliegenden Wahrscheinlichkeiten verstehen können, wenn einige Ansätze aus der kognitiven Psychologie auf die Fragestellung angewandt werden. Diese Manipulationen ‚zerstören' jedoch nicht die faszinierende kognitive Täuschung, da das Ziegenproblem diese nur hervorruft, wenn man versteht, dass Wechseln die gewinnbringendere Alternative ist (Vgl. Krauss, Wang 2003, S. 20).

Trotz der wichtigen Erkenntnis, dass eine Veränderung der Aufgabenstellung, den Verstehensprozess des Ziegenproblems erleichtert, kann die Fragestellung der vorliegenden Hausarbeit nicht vollständig geklärt werden. Es sollten Möglichkeiten herausgestellt werden, die das Spannungsfeld zwischen der intuitiven und der realen Wahrscheinlichkeit verringern können. Durch die Optimierung der Aufgabenstellung wechselten die Teilnehmer zwar vermehrt die Tür und verließen sich somit nicht mehr auf ihre intuitive Lösung, dennoch ist es fraglich, ob die Teilnehmer die Lösung mit den bedingten Wahrscheinlichkeiten nachhaltig verstanden haben und auf andere wahrscheinlichkeitstheoretische Problemstellungen übertragen können. Unterstützt wird diese Vermutung von den Ergebnissen eines weiterführenden Experiments von Krauss und Wang, welches herausstellt, dass das im Kapitel 3 ausgeführte Training mit dem bayesschen Theorem den Teilnehmern des Experiments nicht dazu verhilft, verwandte Probleme des Ziegenproblems, wie beispielsweise das Häftlingsdilemma, zu lösen. [8]

Diverse Studien zeigen, dass Menschen allgemein Schwierigkeiten haben, in Wahrscheinlichkeiten zu denken, was jedoch durch Training, Selbstbeobachtung, Kritikfähigkeit und die Bereitschaft, die eigenen Annahmen als nicht gegeben anzusehen, verbessert werden kann (Vgl. Von Randow 1992, S. 170). Daraus schließen wir, dass es nicht sinnvoll ist, das Verständnis der Wahrscheinlichkeitstheorie nur anhand eines Paradoxons verbessern zu wollen. Vielmehr müssten allgemeine Optimierungsmöglichkeiten genutzt werden, um ein komplexes Wahrscheinlichkeitsverständnis zu erwerben und dadurch komplexe Paradoxien wie das Ziegenproblem verstehen zu können. Im Rahmen dieser Arbeit ist es nicht möglich, konkrete Optimierungsmöglichkeiten zu entwickeln und empirisch zu testen, inwiefern sich dadurch das Lösen des Ziegenproblems verbessert.

---

[8] Für eine detaillierte Darstellung des Experiments siehe Krauss, Wang 2003, S. 18f..

5. Literaturverzeichnis

Atmaca, S. & Krauss, S. (2001). Der Einfluss der Aufgabenformulierung auf stochastische Performanz– Das "Drei-Türen-Problem". *Stochastik in der Schule, 21, 3,* 14-21.

Behrends, E.; Gritzmann, P. & Ziegler, G. (2008): *Pi und Co. Kaleidoskop der Mathematik.* Berlin Heidelberg: Springer Verlag.

DiBattista, D. (2011). Evaluation of a digital learning object for the Monty Hall dilemma. *Teaching of Psychology, 38,* 53-59.

Granberg, D. & Brown, T.A. (1995). The Monty Hall dilemma. *Personality and Social Psychology Bulletin, 21,* 711-723.

Krauss, S. & Wang, X.T. (2003). The Psychology of the Monty Hall Problem: Discovering Psychological Mechanisms for Solving a Tenacious Brain Teaser. *Journal of Experimental Psychology Vol. 132,* 1, 3-22.

Krauss, S. (2003). Wie man das Verständnis von Wahrscheinlichkeiten verbessern kann: „Das Häufigkeitskonzept". *Stochastik in der Schule 23,* 2-9.

Rosenhouse, J. (2009). *The Monty Hall problem: The Remarkable Story of Math's Most Contentious brain Teaser.* Oxford University Press.

Strzysch, M. & Weiß, J. (1998): *Brockhaus (10). 15 Bände.* Leipzig Mannheim: Bertelsmann Club GmbH.

Tiede, M. (1998): Anmerkungen zum Ziegenproblem und zu verwandten Paradoxien der Stochastik. In: Ruhr Universität Bochum (Hrsg.): *Diskussionspapiere aus der Fakultät für Sozialwissenschaft,* 5, 1-14.

Wang, X. T. (1996). Evolutionary hypotheses of risk-sensitive choice: Age differences and perspective change. *Ethology and Sociobiology, 17,* 1-15.

Von Randow, G. (1992). *Das Ziegenproblem.* Reinbeck: Rowohlt Verlag.

Vos Savant, M. (1997). *The Power of Logical Thinking.* New York: St. Martin's Press.

Internetquellen

Burns, B. D. & Wieth, M. (o.J.). *Causality and Reasoning: The Monty Hall Dilemma.* URL: http://csjarchive.cogsci.rpi.edu/proceedings/2003/pdfs/57.pdf [Zugriff: 01.09.2012].

Devlin, J. (2003). *Devlin's angle: Monty Hall.*URL:
http://www.maa.org/devlin/devlin_07_03.html [Zugriff: 01.09.2012].

What happened on Sunday,9 September 1990. URL:
http://takemeback.to/cgibin/results.py?searchdate=19900909 [Zugriff: 01.09.2012].